과학커뮤니케이터 수소가 들려주는 탄소중립 이야기

이정원 지음

휴페리온

과학커뮤니케이터 수소가 들려주는 **탄소중립 이야기**
수소

초판 발행 2025년 11월 2일

지은이 이정원
펴낸 곳 휴페리온
ISBN 979-11-992784-4-8
판형 및 쪽수 210×297mm 35쪽
값 15,700원   **사용연령** 10세 이상
제조국명 대한민국   **제조연월** 2025년 11월
출판사 등록번호 제 2025-000060 호
주소 경기도 수원시 영통구
연락처 jgs8115@naver.com

ⓒ 2025 이정원. All rights reserved.

이 책의 글은 저작권법에 따라 보호받는 창작물이며, 그 저작권은 저자에게 있습니다.
그림은 저자가 직접 제작한 삽화와, Midjourney 인공지능(AI) 도구를 활용해 프롬프트를
여러 차례 세밀하게 조정하여 생성한 이미지로 구성되어 있습니다.
또한 최종 이미지는 저자가 직접 편집과 보정을 거쳐 완성하였습니다.

Midjourney의 이용 약관에 따라 상업적 사용이 허용된 범위 내에서 해당 이미지를 사용하였습니다.
본 도서의 모든 내용은 저작권자의 허락 없이 복제, 배포, 전송, 전시 또는 2차적 저작물로 사용할 수 없습니다.

빅뱅으로 우주가 생기고

가장 먼저 생긴 원소가 있어요.

주기율표

1 수소 H								2 헬륨 He
3 리튬 Li	4 베릴륨 Be	5 붕소 B	6 탄소 C	7 질소 N	8 산소 O	9 플루오르 F		10 네온 Ne
11 나트륨 Na	12 마그네슘 Mg	13 알루미늄 Al	14 규소 Si	15 인 P	16 황 S	17 염소 Cl		18 아르곤 Ar
19 칼륨 K	20 칼슘 Ca							

바로 수소(H)예요.

원자번호 1번 수소는

우주에서 가장 가볍고,

가장 많은 원소예요.

예전에는 수소 기체가 밀도가 가벼운 성질을 이용해

수소 기체를 채운 비행선을 이용했어요.

수소는 연료의 성질이 있어서

현재는 수소보다는 조금 무겁지만

연료의 성질이 없는 헬륨 기체를 이용한답니다.

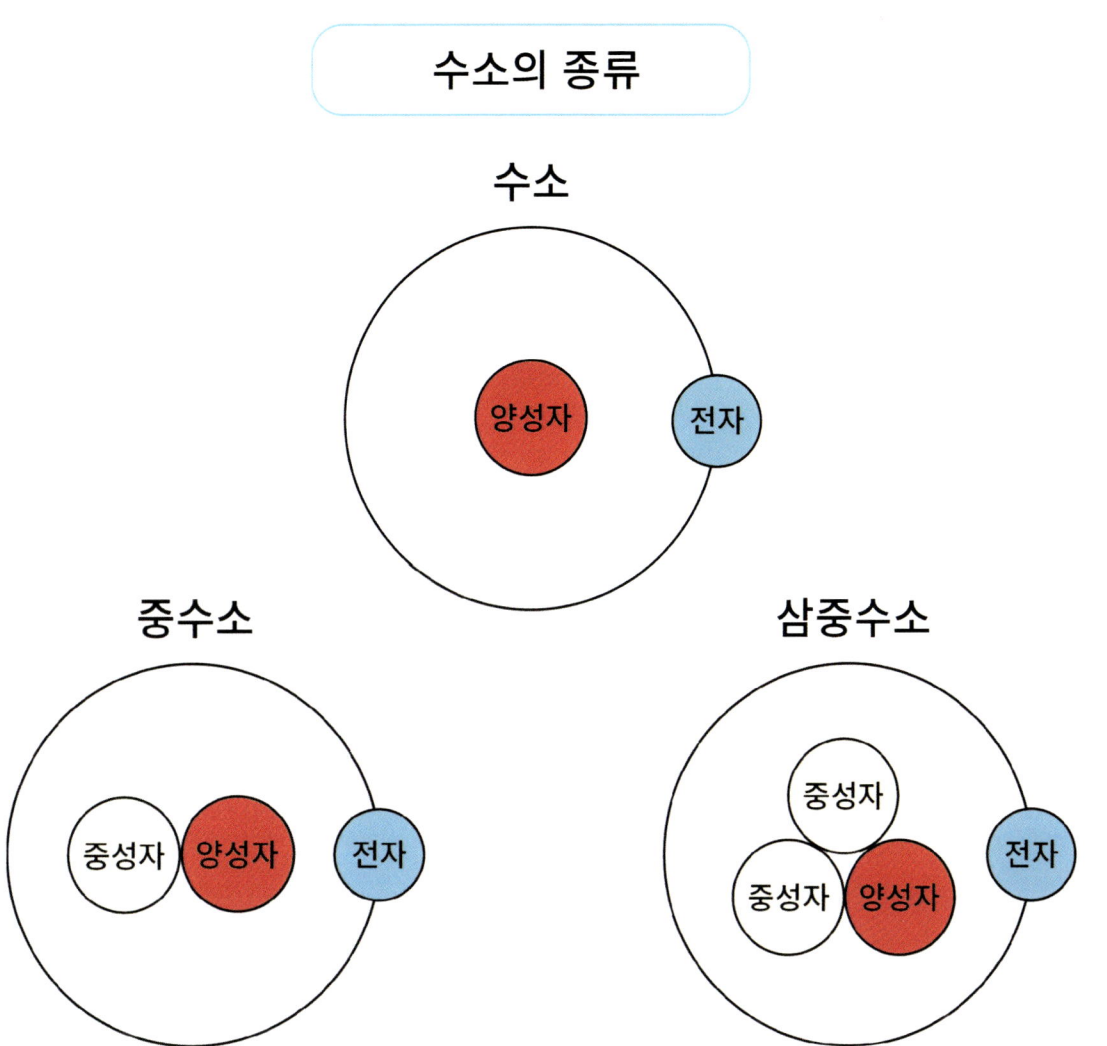

수소는 크게 세 종류가 있어요.

양성자 1개, 전자 1개로 이루어진 경수소(일반적인 수소)

양성자 1개, 전자 1개, 중성자 1개로 이루어진 중수소

양성자 1개, 전자 1개, 중성자 2개로 이루어진 삼중수소예요.

경수소는 전체 수소의 99% 이상을 차지해요.

'중수소'는 아주 조금 있고,

'삼중수소'는 거의 없어요.

그래서 우리가 '수소'라고 하면

일반적으로 '경수소'를 의미한답니다.

하지만 '중수소'와 '삼중수소'는

핵융합 발전에서 에너지를 만드는 중요한 연료랍니다.

핵융합 발전은 아주 적은 양의 중수소와 삼중수소로도

막대한 에너지를 낼 수 있어요.

이 과정에서 이산화탄소가 발생하지 않고,

고준위 방사성 폐기물이 거의 생기지 않기 때문에,

'미래의 청정 에너지'로 전 세계에서

활발히 연구되고 있답니다.

분야별 온실가스 배출량

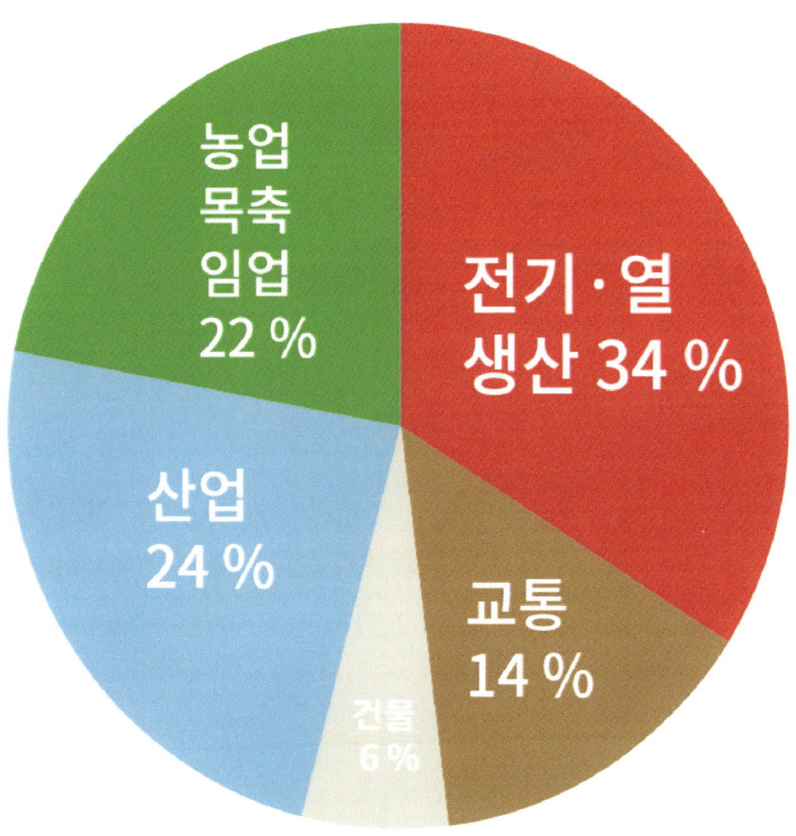

- 농업 목축 임업 22 %
- 전기·열 생산 34 %
- 산업 24 %
- 교통 14 %
- 건물 6 %

기후변화 국제 협의체인

IPCC 보고서에 따르면

전 세계 온실가스 배출량의 약 70% 이상이

전력 생산, 수송, 산업 등

에너지 사용과 관련된 분야에서 발생한다고 해요.

에너지란 일을 할 수 있는 힘이나 능력을 말합니다.

탄소발자국이라는 말을 들어보았을 거에요.

탄소 발자국은 사람이나 조직, 제품, 활동이

직·간접적으로 배출하는 온실가스의 총량을 말합니다.

그런데 앞서 말씀드렸다시피,

온실가스 배출량의 70% 이상은 에너지 분야에서 발생하기에

과학커뮤니케이터 수소는

기후변화를 해결하려면

에너지 분야의 온실가스 배출을 줄이는 것이

중요하다는 뜻으로

에너지 사용과 관련된 온실가스 배출 총량을 의미하는

'**에너지 발자국(Energy Footprint)**'

이라는 표현을 사용하고 있어요.

그리고 에너지 발자국을 줄이는 데

'**수소**'에너지가 중요한 역할을 할 수 있어요.

1825년, 세계 인구는 약 10억 명이었어요.

농업, 보건, 산업 기술의 발달로

1925년에는 두 배인 20억 명으로 늘었지요.

20세기 과학기술의 발전과

1928년 페니실린의 발견으로 대표되는 의학 혁명 덕분에

2025년 현재 세계 인구는 82억 명을 넘었어요.

불과 100년 사이에 60억 명이 넘게 늘어난 셈이랍니다.

이렇게 많은 사람이 지구 위에서 살아가는 것은

인류 역사상 처음 있는 일이에요.

지금도 매년 약 1억 명 가까운 인구가 늘어나고 있답니다.

현대적인 삶을 유지하기 위해

사람 한 명 한 명이 사용하는 에너지도 점점 많아지고 있어요.

그 결과 온실가스 배출이 급격히 늘어나

기후변화가 심각해지고 있지요.

그래서 '에너지 제네시스 프로젝트'라는 아이디어로,

태양빛이 강한 사막에서 태양광 발전을 하고,

그 전기로 물을 전기분해해 수소를 만들어

전 세계에 공급하자는 구상도 있었어요.

하지만 사막 한 곳에서 만든 에너지를

전 세계로 운송하려면 많은 에너지가 다시 필요하지요.

그래서 각 지역의 집 지붕이나 주차장 가림막에
태양광 발전을 설치해 필요한 전기를 직접 만들고,
남는 전기로 물을 전기분해해 수소를 저장하면
훨씬 효율적으로 에너지를 사용할 수 있답니다.

자연에서 끊임없이 되풀이되는 에너지를 이용하는 것을 **재생에너지**라고 해요.

재생 에너지는 태양광, 태양열, 풍력, 수력, 해양, 지열, 바이오 에너지 등이 있습니다.

재생에너지는 자연의 힘을 이용하기 때문에 친환경적이지만,
날씨나 계절에 따라 발전량이 일정하지 않다는 단점이 있어요.

예를 들어, 태양광 발전은 맑은 날에는 잘 되지만,
흐리거나 비가 오는 날에는 발전이 줄어요.
풍력 발전도 바람이 강할 때는 잘 되지만,
바람이 약하면 전기를 만들기 어렵답니다.

그래서 재생에너지로 만든 전기를 저장해 두었다가
필요할 때 꺼내 쓰는 방법이 중요해요.
한 가지 방법은 축전지(배터리)에 저장하는 것이지만,
시간이 지나면 자연스럽게 방전되어 전기를 잃어버릴 수 있어요.
추운 겨울날 핸드폰 배터리가 금방 닳는 이유도
배터리의 방전 현상 때문이에요.

그래서 과학자들은 재생에너지로 전기를 많이 생산할 때
그 전기로 물을 전기분해해 수소를 만들고,
수소를 압축해 넣을 때 생기는 압력을 견디는
내압용기에 저장하는 방법을 연구했어요.

이렇게 내압용기에 수소를 저장하면
전기를 그대로 저장하는 것보다 상대적으로 손실이 적고,

내압용기에 수소를 담아 운반하면

운송도 쉬워서 필요할 때 꺼내 쓸 수 있답니다.

실제로 수소충전소 근처에서는

수소가 가득 든 길쭉한 통 모양의 내압용기를

트레일러가 싣고 이동하는 모습을 볼 수 있어요.

기존 에너지원을 새로운 기술로 변환해 얻는 에너지를
신에너지라고 해요.
신에너지에는 수소에너지, 연료전지, 석탄 액화·가스화
에너지 등이 있지요.

수소에너지와 수소 연료전지는 모두 수소를 이용해
에너지를 만들어내는 기술이에요.
그래서 **수소**는 신에너지의 대표 주자랍니다.

재생에너지와 신에너지를 합쳐서 **신재생에너지**라고 합니다.

수소로 대표되는 신에너지는
태양광이나 풍력 같은 재생에너지와 함께 사용하면,
더 효율적이고 깨끗한 미래 에너지 시스템을
만들 수 있답니다.

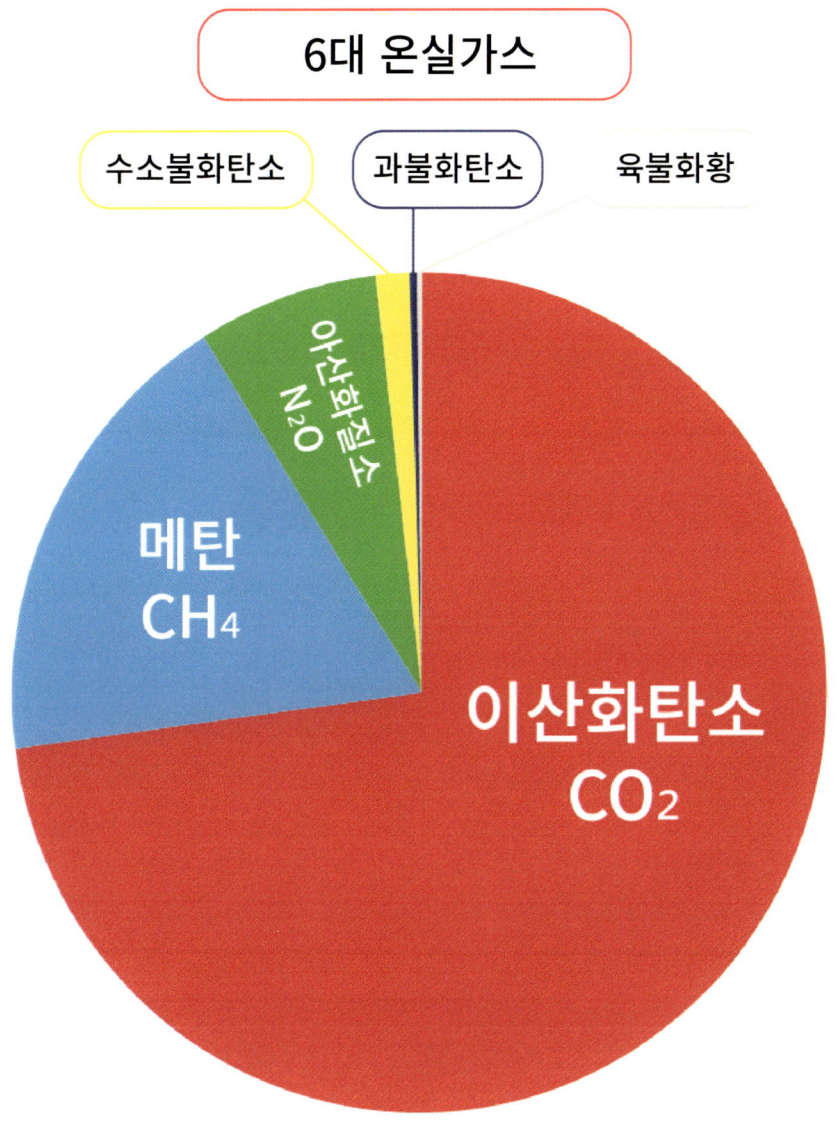

기후변화의 원인은 온실가스 배출이에요.

기후변화를 초래하는

이산화탄소(CO_2), 메탄(CH_4), 아산화질소(N_2O),

수소불화탄소(HFCs), 과불화탄소(PFCs), 육불화항(SF_6)을

6대 온실가스라고 해요.

6대 온실가스 중

이산화탄소가 미치는 영향이 약 70% 정도로 가장 커요.

그래서 기후변화를 막기 위해

이산화탄소의 배출량을 줄이고 흡수량을 늘려

이산화탄소의 실질적인 배출량을 0으로 하는 '**탄소중립**'을

전세계에서는 중요한 목표로 삼고 있어요.

온실가스 중

이산화탄소가 미치는 영향이 약 70%, 메탄이 약 20%,

나머지 4대 기체를 합친 양이 약 10% 정도에요.

그래서 이산화탄소를 포함한 메탄, 아산화질소,

수소불화탄소, 과불화탄소, 육불화황 등

6대 온실가스의 실질적인 배출량을 0으로 하자는 목표를

'**넷제로(Net Zero)**'라고 한답니다.

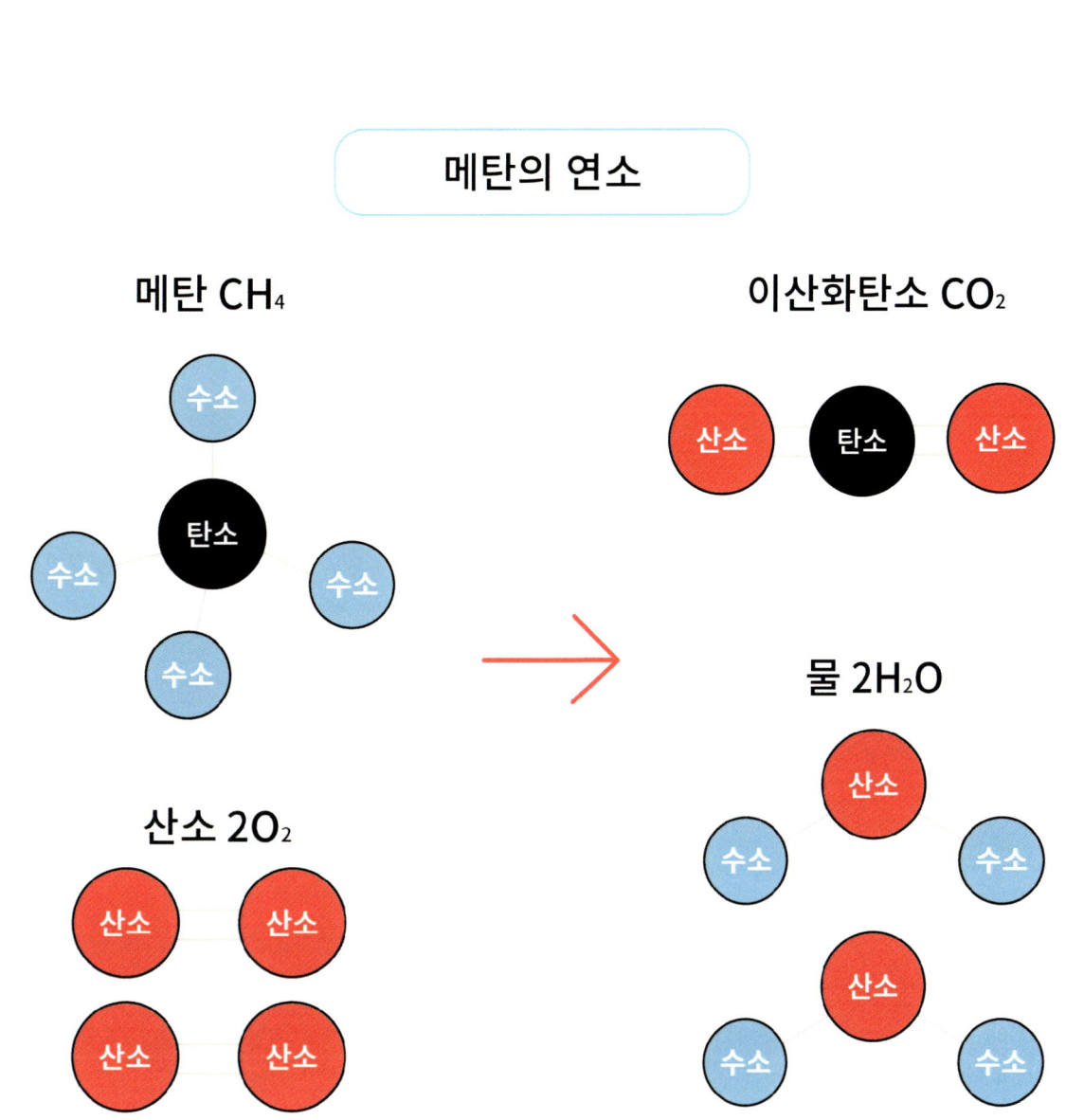

연소란 물질이 산소와 반응하면서 열과 빛을 내는 현상을 말해요.

6대 온실가스 중 메탄을 예로 들면,

메탄 분자는 그 자체로 강한 온실효과를 일으켜요.

또한, 석유, 석탄 같은 화석연료와 메탄과 같은 천연가스는

연소 후 온실가스인 이산화탄소를 발생시켜요.

메탄에서도 연료로서 에너지를 내는 부분은 주로 수소 부분이고,

탄소 부분은 이산화탄소가 되어 온실효과를 일으켜요.

수소의 연소

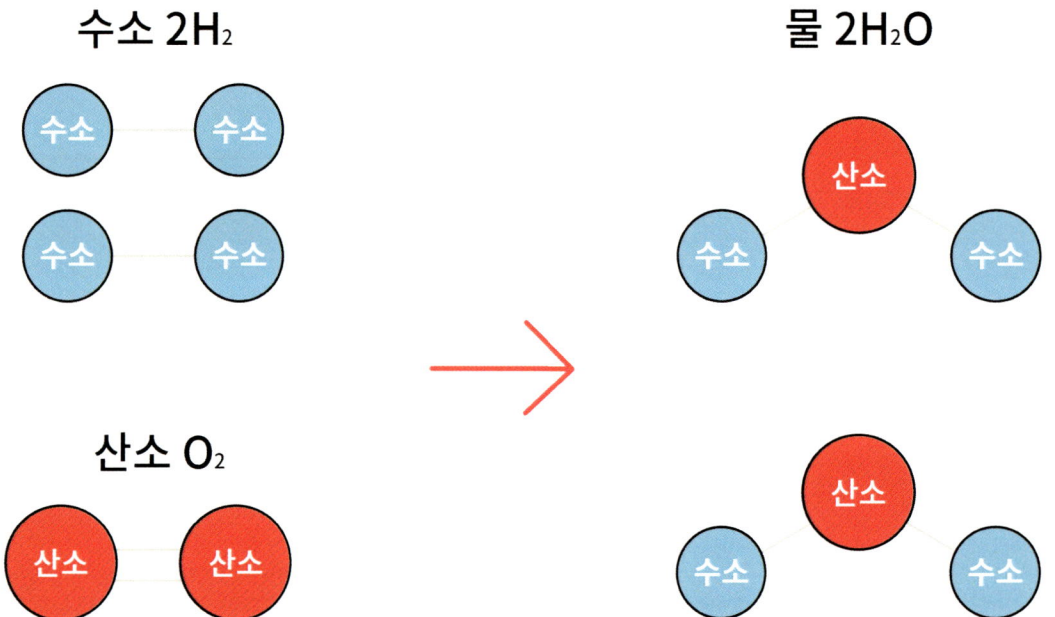

수소는 친환경적인 에너지예요.

수소는 산소와 반응하는 연소 후 깨끗한 물이 되어

온실가스를 배출하지 않아요.

수소와 산소의 전기화학 반응으로 전기를 만드는 장치를

신에너지 중 수소 '**연료전지**' 라고 해요.

수소 연료전지는 수소를 연료로 하고,

공기 중 산소와 반응하여 전기와 열을 만들고

깨끗한 물만을 배출한답니다.

수소 자동차

도로에서 수소연료전지로 움직이는 자동차를 쉽게 볼 수 있어요.
수소연료전지자동차, 줄여서 **수소 자동차**예요.
수소차는 또한, 공기를 정화하는 능력이 있어요.
수소차는 수소를 연료로 하고, 공기 중 산소를 빨아들여서 발전을
해요. 공기 중 산소를 빨아들일 때 필터로 공기 중 미세먼지와
초미세먼지도 같이 걸러내서, 수소차 1대가 1시간 운행하면,
어른 약 40명이 1시간 동안 숨쉴 수 있는 깨끗한 공기가
만들어진대요. 수소 자동차는 달리는 공기청정기라 할 수 있지요.

과학커뮤니케이터 **수소**도 수소 자동차를 타고 다니며
과학의 즐거움을 전한답니다.

또한, 수소를 연료로 하고, 산소와 반응하여 에너지를 얻는
수소연료전지는 수소 자동차에 사용될 뿐만 아니라
가정에서도 난방과 발전에 사용되고 있어요.
일본에서는 가정용 수소 연료전지가
약 40만 대 이상 보급될 만큼 널리 사용되고 있답니다.

탄소는 우리가 생활하면서 필연적으로 발생해요.
탄소가 고체로 날아다니면 미세먼지나 초미세먼지가 되고,
기체가 되면 이산화탄소가 되어 온실효과를 일으켜요.

미세먼지의 주성분도 탄소지만,
다이아몬드의 주성분 또한 탄소라는 것을 알고 있나요?
탄소는 높은 압력을 받으면 다이아몬드가 돼요.

스모그 프리 타워는 공기 중 미세먼지와 초미세먼지를 빨아들이는 거대한 공기 청정기에요.
스모그 프리 타워는 공기 중 미세먼지와 초미세먼지를 모아 압축한 뒤,
그 탄소 입자를 투명한 반지에 담은 '스모그 프리 링'을 판매해 운영 자금을 마련하고 있답니다.

기후 변화를 해결하기 위해

공기 중 이산화탄소를 빨아들이자는 계획도 있지만,

공기 중 이산화탄소가 차지하는 비중이 0.04% (420ppm)

정도여서 효율이 좋지는 않아요.

하지만, 스모그 프리 타워에 고체 상태의 미세먼지와 함께

기체 상태의 이산화탄소를 같이 흡수할 수 있게 설치하고,

탄소 다이아몬드 반지를 판매해 운영한다면 좋을 것 같아요.

수소를 생산하는 방법

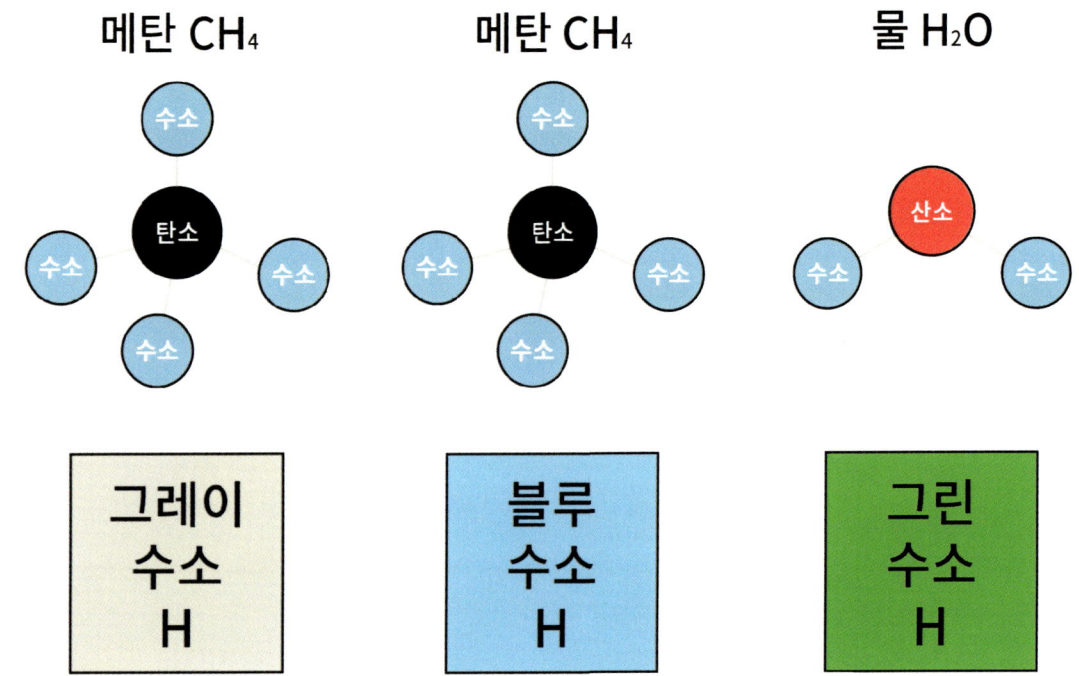

수소는 생산하는 방법에 따라

그레이(회색) 수소, 블루(파랑) 수소, 그린(초록) 수소
로 나눕니다.

메탄에서 연료로 사용되는 부분은 수소이고, 탄소는 연소가 되면 이산화탄소가 되어 온실효과를 일으킨다고 했어요.

그레이(회색) 수소는

메탄과 같은 천연가스에서 연료인 수소만 떼어내 사용하고

필요없는 이산화탄소를 공기 중으로 배출하는 거에요.

그런데 그레이 수소는 이산화탄소를 배출해

온실효과를 일으켜 기후변화를 초래합니다.

블루(파랑) 수소는

그레이 수소처럼 천연가스에서 연료인 수소만 떼어내

사용하지만, 필요없는 이산화탄소는 버리지 않고 모아요.

블루 수소는 그레이 수소에

CCS라고 불리는 **탄소 포집 저장 기술**을

접목한 방식이에요.

블루 수소는 기후변화를 막기 위해

온실가스 배출을 크게 줄일 수 있는 친환경적 방식이에요.

그린수소 생산 방법

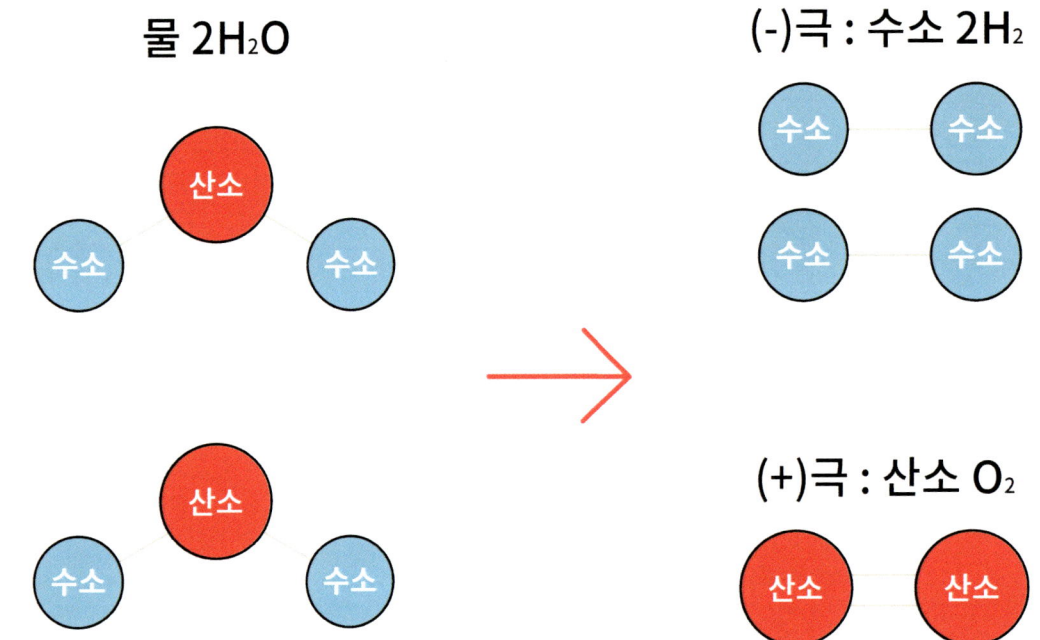

그린(초록) 수소는

물을 전기분해하여 수소를 생산하는 방식을 말해요.

수소는 산소와 반응하는 연소 후 깨끗한 물이 된다고 했어요.

한자어를 보면 수소 라는 이름에서

'수(水)'는 물을 뜻하고,

'소(素)'는 원소를 뜻해요.

수소라는 이름은 **물을 만드는 원소**라는 뜻을 가지고 있답니다.

물을 구성하는 원소인

수소와 산소는 전기적 힘으로 결합되어 물을 이루고 있어요.

그런데 물을 전기로 분해하면 다시 수소와 산소로 나뉘어져요.

이 때 (-)극에서는 수소가 생기고, (+)극에서는 산소가 생겨요.

태양광 발전, 풍력 발전 등 재생에너지로 얻은 전기는

발전량이 일정하지 않기 때문에

물을 전기분해하여 수소로 모아 저장하면

오랫동안 저장이 가능하고 운반이 편리하다고 했어요.

그린 수소는 물을 전기분해하여 얻기 때문에

온실가스를 배출하지 않아 기후변화를 초래하지 않고

에너지를 얻을 수 있는 방법이랍니다. 그래서 수소가

기후변화를 해결하기 위한 열쇠라고 여겨지고 있어요.

그레이 수소는 온실가스를 공기 중으로 배출하기 때문에,

사용 후 이산화탄소를 모으는 블루 수소와

친환경적인 그린 수소 방식을 위주로 연구가 진행되고 있어요.

과학커뮤니케이터 **수소**와 만나면,

물을 전기분해해서 그린 수소를 만든 후,

모은 수소를 연료로 로켓을 발사해 보아요.   -끝-

이산화탄소 포집·저장 기술 CCS

 탈황 장치처럼, 이산화탄소 같은 온실가스 또한 발전소나 공장에서
배출하기 전 모을 수 있습니다.

 이산화탄소 포집·저장 기술 (Carbon dioxide Capture and Storage)은,
발전소나 공장에서 배출되는 이산화탄소를 대기 중으로 내보내기 전에
모아 저장하는 기술입니다. 이산화탄소 포집·저장 기술을 CCS라고 합니다.
이러한 CCS 기술은 이미 개발되었지만, 적용 시 비용이 높아 과거에는 널리 사용되지
못했습니다. 그러나 최근 기후변화 대응을 위해 CCS 기술의 필요성이 커지고 있습니다.

 최근 발표된 6차 IPCC 보고서에서는
탄소 포집, 저장, 제거 기술인 CCS기술이 개발되어야 한다고 언급되었습니다.
그리고 CCS의 방법으로 추가적으로 BECCS와 DACCS가 언급되었습니다.

 BECCS는 이산화탄소 포집과 저장기술을 이용해 생산하는
바이오에너지를 의미합니다.
(BECCS: Bioenergy with Carbon dioxide capture and storage)

 BECCS는 식물의 광합성을 이용하여 이산화탄소를 흡수하고,
그 식물을 원료로 에너지를 만들거나 공장에서 연료로 만드는데,
이때 배출되는 이산화탄소를 CCS기술로 포집합니다.

 DACCS는 공기 중 이산화탄소를 직접 포집하고 저장하는 것을 의미합니다.
(DACCS: Direct air Carbon dioxide capture and storage)

DACCS는 공기 중 이산화탄소를 직접 포집하고 저장하는 방식입니다.
DACCS 자체는 공기 중 0.04%밖에 차지하지 않는 기체 상태의
이산화탄소를 흡수하기에는 비효율적이지만,
스모그 프리 타워와 DACCS를 연계하여 운영한다면,
충분한 시너지 효과가 날 것으로 저자는 예상합니다.

한국에는 2019년 10월17일 스모그 프리타워가
경기도 안양 평촌 중앙공원에 설치 되었습니다.
미세먼지의 주성분은 탄소. 다이아몬드도 탄소입니다.
생각하기에 따라 탄소는 오염원이 될 수도, 보석이 될 수도 있을 것입니다.

최근에는 스모그 프리타워처럼 CCS에서 포집한 이산화탄소를
원료로 활용하자는 뜻으로 CCS에 활용이라는 뜻의 U(Utilization)를 더해

이산화탄소 포집·활용·저장
(CCUS: Carbon dioxide Capture, Utilization and Storage) 기술,
줄여서 CCUS 기술 또한 활발히 연구되고 있습니다.

CCUS 기술은 포집한 이산화탄소를 원료로 메탄올, 플라스틱 원료로
활용하거나 탄산음료 충전, 드라이아이스 생산 등을 연구하고 있습니다.

신에너지 · 수소

　신에너지는 수소 에너지, 연료 전지, 석탄 액화- 가스화 에너지가 있습니다.
　신에너지는 기존 에너지원을 변환하는 새로운 기술을 통해 만들어지는 에너지를 뜻합니다. **수소**는 신에너지의 대표 주자입니다.

　태양광, 풍력 등의 재생 에너지와 신에너지를 합쳐 신재생에너지라고 부릅니다.

　메탄 등의 천연가스에서 수소를 얻을 수 있는데, 천연가스에서 수소를 얻은 후 온실가스를 대기 중에 그대로 배출하는 방식을 **그레이 수소** 라고 합니다. 그레이 수소는 온실가스를 배출하므로, 친환경적인 방법이 아닙니다.

　친환경적인 수소의 생산 방식에는 블루수소와 그린수소가 있습니다.
　블루수소는 천연가스에서 연료가 되는 수소 부분을 사용한 후 생기는
이산화탄소를 대기중에 버리지 않고 포집하는 방식입니다.
블루수소는 그레이수소에 이산화탄소 포집·저장(CCS)기술을 적용하여
수소를 얻는 방식입니다.

　그린수소란, 물을 전기분해하여 얻는 수소를 말합니다.
물은 수소와 산소로 이루어져 있습니다. 수소는 연소 후 다시 물로 돌아갑니다.
지구의 70%를 차지하는 물을 통해 수소에너지를 얻으면 청정한 에너지를
고갈 없이 얻을 수 있습니다.

　수소 연료 전지는 수소를 연료로 공기 중 산소와 반응하여 에너지를 얻습니다.
수소자동차는 수소 연료 전지로 움직입니다.
또한, 가정에서 수소 연료 전지를 사용해 난방과 전기를 공급하기도 합니다.
일본에서는 2010년 동일본 대지진 이후 수소연료전지가 가정에 많이 보급되어
사용되고 있습니다.
　수소 에너지는 사용 후 온실가스를 배출하지 않는 장점이 있습니다.

맺음말

안녕하세요? 과학커뮤니케이터 수소가 들려주는 과학 이야기

1권 아르키메데스의 원리

2권 수평잡기의 원리

3권 비행기의 원리 에 이어

4권 수소 를 11월 2일 '**수소의 날**'에 발간하였습니다.

4권 수소 는 기후변화를 해결하는 열쇠인 신에너지로서의 수소의 모습을 탄소중립과 함께 설명하였습니다.

4권 수소 는 '탄소중립'과 연관된 수소의 모습을 강조하기 위해 부제목 또한 과학커뮤니케이터 수소가 들려주는 탄소중립 이야기로 정했습니다.

본문 32-33쪽 이산화타소 포집·저장 기술, 본문 34쪽 신에너지·수소는 또 다른 저서 '희망이 이겼어!' 78쪽부터 87쪽까지에 저술한 이산화타소 포집·저장 기술 과 수소의 내용을 발췌·요약하였습니다.

2022년 페임랩에서 '기후변화를 해결하는 CCS와 수소 에너지'를 주제로 발표한 적이 있습니다. 이 책을 집필하며 과학커뮤니케이터로 발돋움하던 때가 떠올랐습니다.
이 책은 학교와 기관에서 탄소중립과 수소를 재미있게 지도하기 위해
집필한 책이어서 읽다가 잘 이해가 안 가는 부분이 있을 수 있습니다.
그럴 경우 저자 메일 seradeus@naver.com 으로 질문해 주시면 답변드리겠습니다.
감사합니다.

과학커뮤니케이터 수소 이정원 드림